ATLAS

DES

OISEAUX D'EUROPE.

ATLAS

DES

OISEAUX D'EUROPE

D'APRÈS

C. - J. TEMMINCK,

Directeur du Musée royal d'histoire naturelle à Leyde,
Membre de plusieurs Académies
et Sociétés savantes,

ET DESSINÉS

PAR J.-C. WERNER,

Peintre au Muséum d'histoire naturelle de Paris.

———————◆◦◦◦◆———————

Paris,

H. COUSIN, LIBRAIRE-ÉDITEUR,

RUE JACOB, 21.

—

1842

IMPRIMERIE DE GUIRAUDET ET JOUAUST,
RUE SAINT-HONORÉ, 315.

Squelette de la Colombe ramier.
(Columba Palumbus linn.)

Werner del.   ½ de nat.   Lith. de A. Bein, rue des Mathurins, 11

Colombe biset.

(Columba livia. Briss.)

Ordre 9.
Pigeons.
Werner del.
plusque½
Lith de A Belin r des Mathurins 14.
Colombe Colombin.
(Columba œnas. Linn)

Ordre 9.
Pigeons.
Werner del.
s de nat.
Lith de A. Belin rue des Mathurins 14.
Colombe Ramier.
(Columba Palumbus. Linn.)

Ordre 9
Pigeons
Werner del.
presque moitié
Lith. de A. Bélin, rue des Mathurins 14.
Colombi tourterelle
(Columba turtur. Linn.)

Colombe voyageuse. Columba Migratoria. Linn.

Squelette du Faisan vulgaire. (Phasianus Colchicus Linn.)

Werner del.   *J. p. de mm*   *Lith. de Belin*

Caille (*Perdix coturnix, Lath.*)

Colin Colenicui (Perdix Borealis, Tem.)

Werner del.

Imp. Lemercier, Benard et Cᵉ

Faisan tricolore (Phasianus Pictus, Linn)

Faisan vulgaire.

(Phasianus colchicus Linn.)

Ordre 1e.
Gallinacés.
Werner del
1/8 de nat.
Lith de Langlumé
Tétras auerhan.
(Tétrao urogallus. Linn)

Tétras birkhan.   (Tetrao tetrix. Linn.)

Tetras hyperboré.   (Tetrao Islandorum Faber)

Lith. de Jacquemin

Werner del.   1/3 de nat.   Lith. de A. Belin.

Tetras Gélinotte.   (Tetrao bonasia. Linn.)

Ordre 10.
Gallinacés.
Tétras Rakkelhan
(Tétras médius . Meyer)
A. Belin

Werner del.   peeg. 13 de nat.   Lith de A. Belin.

Tétras rouge.   (Tétrao scoticus. Lath.)

Ordre 10.
Gallinacés
Werner del
pinx ½ nat
Lith de A. Belin
Tétras des Saules.
(Tetrao saliceti. fem.)

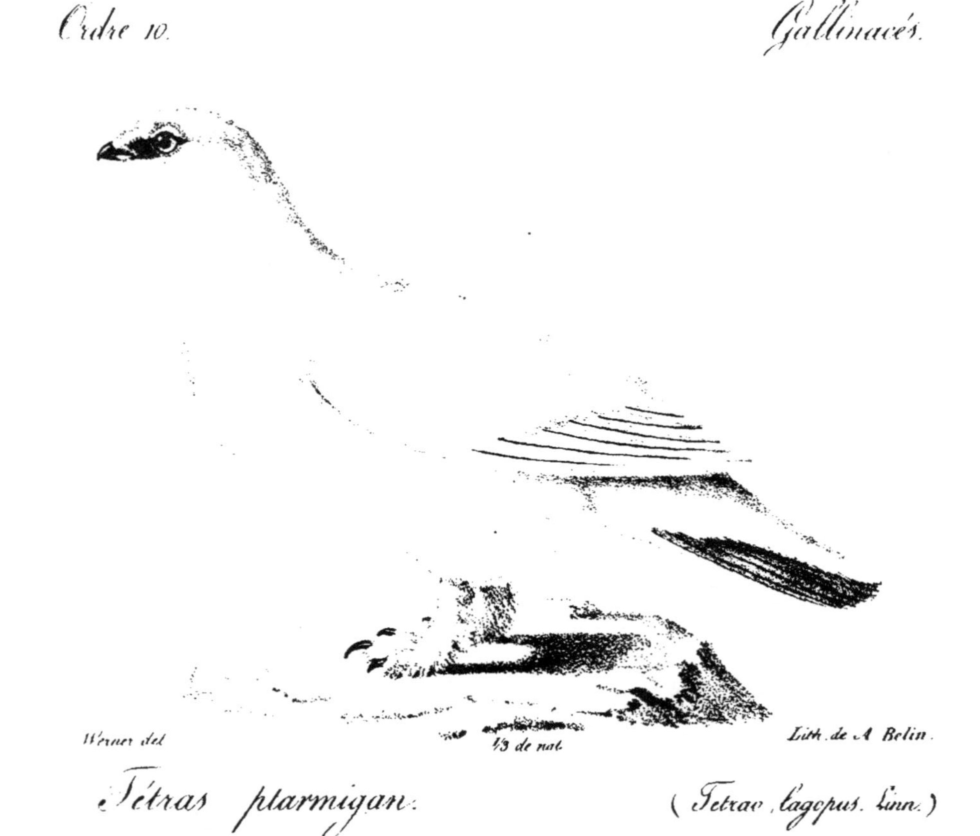

Tétras ptarmigan.   (Tetrao lagopus. Linn.)

Francolin à collier roux.   (*Perdix Francolinus* Lath.)

Werner del.   lith. de A. Belin

½ nat.

Ganga Cata.   (Pterocles setarius. Tem.)

Werner del.   ½ de nat.   lith. de A. Belin.

Ganga unibande.   (Pterocles arenarius. Tem.)

Werner del.   ½ de nat.   lith. de Delaporte S.te de Mangham

Perdrix bartavelle (Perdrix saxatilis, Meyer)

Perdrix rouge (Perdrix rubra Briss.)

Perdrix Gamba. (Perdrix Petrosa Lath.)

Perdrix grise (Perdix cinerea Lath.)

Turnix Tachydrome (Hemipodius tachydromus Tem.

Werner del.   Éd. de nat.   lith. de Delaporte

Turnix à Croissans. (*Hemipodius lunatus* Tem.)

Tétras à doigts courts. (Tetrao Brachidactylus. Tem.)

Werner del.   2⁄3 de nat.   Lith. de Delpech

Glaréole à collier.   (*Glareola torquata.* Meyer.)

Squelette d'outarde

Werner del.   1/3 de nat.   Lith. de A. Belin

Bihoreau à manteau noir (Ardea Nycticorax, Linn.)

Werner del.   ¹⁄₇ de nat.   Lith. de I. Belin.

Cigogne Maguari. (Ciconia. Maguari. Tem.)

Werner del.t   1/8 de nat.   Lith. de A. Belin.

Cigogne blanche. (Ciconia Alba, Bellon.)

Werner del.t   1/8 de nat.   Lith. de J. Belin.

Cigogne noire (Ciconia Nigra, Bellon.)

Werner del.   ½ de nat.   Lith. de A. Belin.

Le Court-vite Isabelle (Cursorius isabellinus major?)

L'Échasse à manteau noir (Himantopus Melanopterus, Meyer)

Werner del.⁹   1/3 de nat.   Lith. de A. Brün

Héron Crabier. (*Ardea Ralloides, Scopoli.*)

Héron Blongios. (Ardea Minuta, Linn.)

Héron Cendré (Ardea Cinerea, Lath.)

Héron Pourpré. (Ardea Purpurea, Linn.)

Werner del.   1/3 de nat.   Lith. de J. Belin.

Héron Aigrette. (Ardea Egretta, Linn.)

L'Huitrier-Pie. (Hæmatopus Ostralegus Linné.)

Werner del.

Edicnème criard (Œdicnemus Crepitans, Tem.)

Werner del. ½ de nat. lith. de A. Bichon

Le Pluvier doré. (Charadrius Pluvialis (Linn.))

Werner del. Lith. de Belin.

Outarde barbue (*Otis tarda* Linn.)

Coureurs.

Outarde Cannepetière. (Otis Tetrax Linn.)

Outarde Houbara. (Otis Houbara Linn.)

Petit Pluvier à Collier. (Charadrius. Minor, Meyer.)

Plavier à Collier interrompu (Charadrius Cantaenus Lath.)

Le Pluvier Guignard (Charadrius Morinellus Linn.)

Vanneau Pluvier. (Vanellus Melanogaster, Bechst.)

Vanneau Huppé. (Vanellus Cristatus, Meyer.)

Tourne-pierre à collier (*Strepsilas Collaris*. Tem.)

Grue cendrée. (Grus Cinerea, Bechst.)

Werner del.   1/5 de nat.   Lith. de A. Bélin.

Héron Garzette. (Ardea Garzetta, Linn.)

Werner del.   ²/₃ de nat.   Lith. de A. Belin.

Le Sanderling plum. d'hiver (Calidris arenaria illig.)

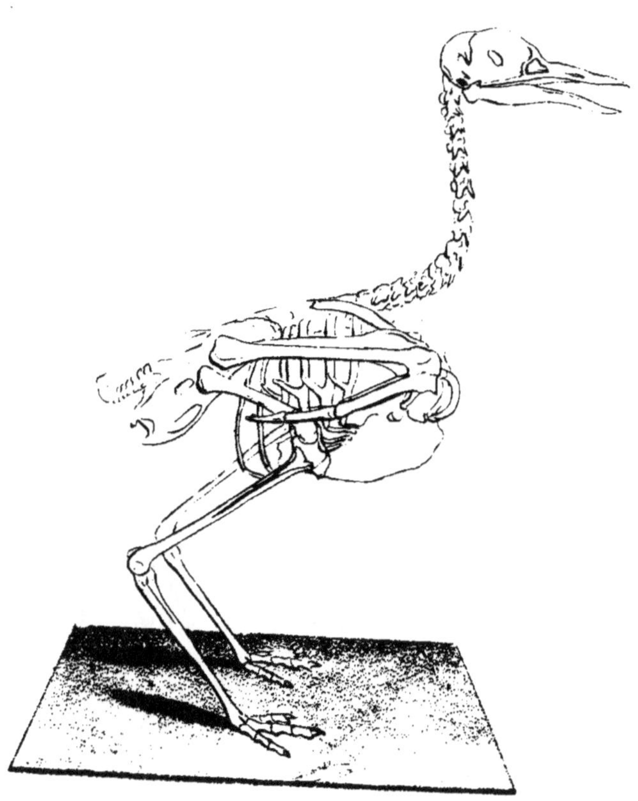

Werner delt.   1/2 de nat.   Lith. de A. Bein.

Squelette de l'Œdicnème criard (Œdicnemus crepitans, Tem)

Werner del.   1/3 de nat.   Imp. de J. B. tin

Avocette à nuque noire. (Recurvirostra Avocetta. Linn)

Œdicnème criard. (Œdicnemus Crepitans, Tem.)

Barge de Meyer Plumage d'été (*Limosa meyeri* Leisl.)

Barge Terek (Limosa Terek, Tem.

Werner del.t   1/3 de nat.   Lith. ae d Belin.

Barge rousse (Limosa Rufa, Briss.)

Werner del.ᵗ   1/3 de nat.   Lith. de A. Belin.

Barge à queue noire (Limosa Melanura, Leister)

Bécasse Ordinaire. (Scolopax Rusticola. Linn)

Bécasseau Rousset, Tringa Rufescens. Vieill.

Bécassine erratique. (Scolopax peregrina Brr)

Becasseau Pectoral (Tringa Pectoralis, Bonap.)

Werner del.   3/5 de nat.   Lith. de A. Belin.

Becasseau Platyrhinque. (Tringa Platyrhincha, Tem)

Werner del.   5/8 de nat.   Lith. de A. Belin.

Bécasseau Cocorli (Tringa Subarquata.)

Werner del.ᵗ   5/8 de nat.   Lith. de A. Belin.

Becasseau Brunette ou variable (Tringa Variabilis, Meyer.)

Bécassine Sabine (Scolopax Sabinæ Vig.)

Werner del.   2,5   Imp. Lemercier Benard et Cⁱᵉ

Bécasseau de Schinz. Tringa Schinzii Bonap.

Werner del.t   1/2 de nat.   Lith. de A. Belin.

Bécassine Ordinaire. (Scolopax Gallinago, Linn.)

Bécasseau Ponctué. (Scolopax Griseu, Gmel.)

Râle d'Eau. (Rallus Aquaticus, Linn)

Werner del.   2/5 de nat.   Lith. de A. Belin.

Grande ou double Bécassine. (Scolopax Major, Linn)

Werner del.   2/3 de nat.   Lith. de A. Belin.

Bécassine Sourde. (Scolopax Gallinula, Linn.)

Werner del.t   1/2 de nat   Lith. de J. Belin.

Becasseau Violet (Tringa. Maritima. Brunn.)

Werner del.   ⅔ de nature.   Lith. de A Belin.

Bécasseau Temmia (Tringa Temminkii, Leisler.)

Werner delt.   2/3 de nature.   Lith. de A. Belin.

Bécasseau Echasses (Tringa Minuta, Leister)

Werner del.   ½ de nat.   Lith. de A. Belin.

Bécasseau Canut ou Maubèche. (Tringa Cinerea, Linn.)

Bécasseau Combattant. (Tringa Pugnax, Linn.)

Chevalier Arlequin. (*Totanus Fuscus, Leisler.*)

Werner del.́　　　　　1/2 de nat.　　　　　Lith. de A. Belin.

Chevalier Gambette (Totanus Calidris, Bechst.)

Chevalier Stagnatile (Totanus Stagnatilis, Bechst.)

Werner del.t   2/3 de nat.   Lith. de A. Belin

Chevalier cul blanc (Totanus Ochropus, Tem.)

Chevalier Sylvain (Totanus Glareola, Tem.)

Chevalier Perlé (Totanus Macularia, Tem.)

Chevalier Guignette. (Totanus Hypoleucos, Tem.)

Chevalier Semipalmé. (Totanus Semipalmatus, Tem.)

Werner del.̅   1/3 de nat.   Lith. de A. Belin.

Chevalier à longue queue. (Totanus Bartramia, Wils.)

Chevalier Aboyeur (Totanus Glottis. Batist.)

Courlis Corlieu (Numenius Phæopus, Luch.)

Werner del.   ⅓   Imp. Lemercier, Benard et Cⁱᵉ

Courlis à bec grêle (Numenius Tenuirostris. Vieill)

Talève Porphyrion. (Porphyrio Hyacinthinus, Tem.)

Flammand rouge. (Phoenicopterus Ruber, Linn.)

Grand Courlis cendré. t. Numenius (Arquata, Lath.)

Héron Grand Butor. (Ardea Stellaris, Linn.)

Grue Leucogérane. (Grus leucogeranos. Pall.)

Grue demoiselle (Grus Virgo Briss)

Werner del.   *Lith. de Fourquemin*

Héron aigrettoïde (Ardea egrettoides, Tem.)

Héron aigrette dorée (Ardea Russata Tem.)

Héron lentigineux. (*Ardea lentiginosa. Mont.*)

Héron vérany (Ardea verany. Roux.)

Werner del.   13.ᵉ   Imp. Lemercier, Benard et Cⁱᵉ.

Ibis Sacré. (Ibis Religiosa. Cuv.)

Werner del.ᵗ   ¼ de nature.   Lith. de A. Belin.

Ibis Falcinelle. (Ibis Falcinellus, Tem.)

Plurier armé (Charadrius Spinosus Linn.)

Pluvier à plastron roux (Charadrius Pyrrhothorax Lem.)

Poule-d'eau de Génis (Gallinula Crex, Lath.)

Werner del.'   2/3 de nat.   Lith. de A. Belin.

Poule d'eau. Marouette (Gallinula Porsana, Lath.)

Werner del.t   3/4 de nat.   Lith. de A. Belin.

Poule-d'Eau Poussin. (Gallinula Pusilla, Bechst)

Werner del.   3/4 de nat.   Lith. de A. Belin.

Poule-d'Eau Baillon (Gallinula Baillonii, Viil.)

Werner del.̱   1/3 de nat.   Lith. de A. Belin.

Poule d'Eau ordinaire. (Gallinula Chloropus, Lath.)

Spatule blanche (Platalea Leucorodia, Linn.)

Vanneau Keptuschka. Vanellus keptuschka. Tem.

Werner del.￼   1/4 de nat.   Lith. de A. Belin.

Squelette de Foulque Macroule (Fulica Atra, Linn)

Werner del.̄   1/4 de nat.   Lith. de A. Belin.

Foulque Macroule (*Fulica Atra, Linn*)

Werner del.t   3/4 de nat.   Lith. de J. Belin.

Phalarope Hyperboré (Phalaropus Hyperboreus, Lath)

Werner del.t   1/2 de nat.   Lith. de A. Belin.

Phalarope Platyringue. (Phalaropus Platyrhinchus, Tem)

Werner del.t   1/5 de nat.   Lith. de J. Belin.

Grèbe huppé (Podiceps Cristatus. Lath.)

Werner del.   ¼ de nat.   Lith. de A. Belin.

Grèbe Jou-gris. (Podiceps Rubricollis, Lath.)

Grèbe Cornu ou Esclavon. (Podiceps Cornutus, Lath)
à l'âge d'un an.

Grèbe Oreillard. (Podiceps Auritus, Lath.)

Werner delt.   ¼ de nat.   Lith. de A. Belin.

Grèbe Castagneux. (Podiceps Minor, Lath.)

Grèbe cornu ou esclavon femelle avec son petit (*Podiceps Cornutus* Lath.)

Grèbe arctique. (Podiceps arcticus. Boié)

Squelette de l'Hirondelle-de-mer Epouvantail
(Sterna Nigra, Linn.)

Hirondelle-de-mer Hansel (Sterna Anglica (Montagu))

Werner delt.   1/3 de nat.   Lith. de A. Belin.

Hirondelle-de-mer Leucoptère (Sterna Leucoptera, Tem.)

Werner delt.   1/3 de nat.   Lith. de A. Belin.

Hirondelle-de-mer Épouvantail (Sterna Nigra, Linn.)

Goëland Burgermeister (Larus Glaucus, Brunn.)

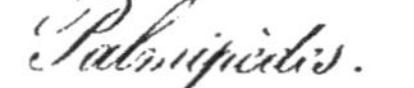

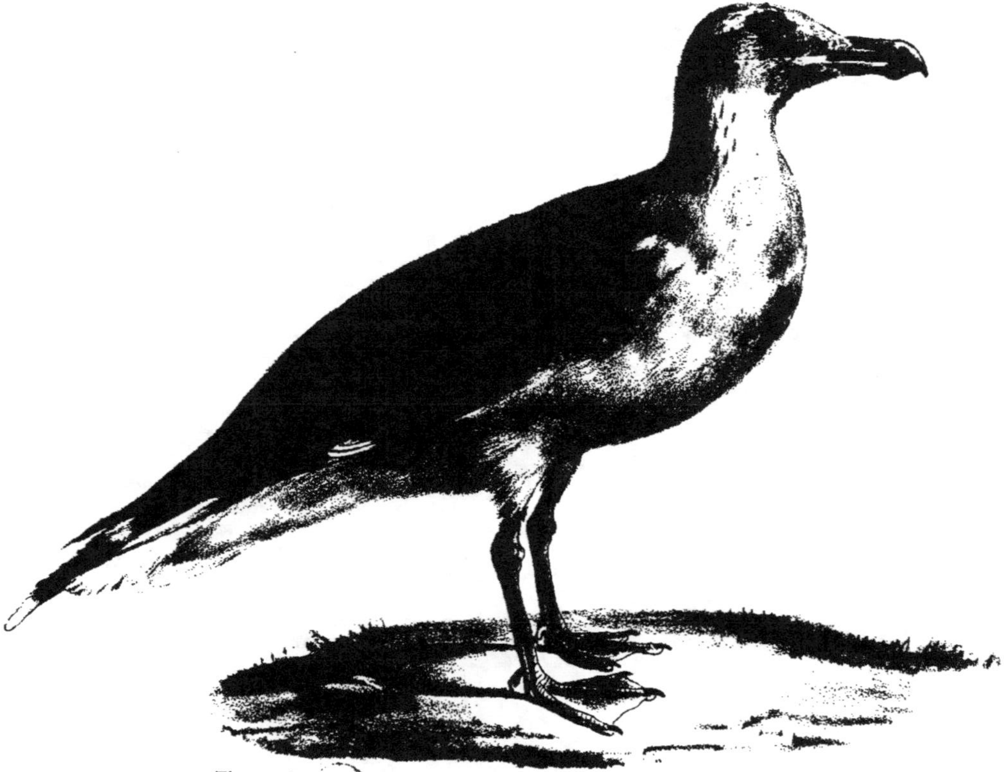

Werner del.t 1/5 de nat. Lith. de A. Belin.

Goëland à manteau noir (Larus Marinus, Linn.)

Werner del.t   1/3 de nat.   Lith. de A. Bevin.

Hirondelle-de-mer Moustac (Sterna Leucopareia, Natterer)

Werner delt.   1/5 de nat.   Lith. de A. Belin.

Goëland à manteau bleu (Larus Argentatus. Brunn.)

Goéland à pieds jaunes. (Larus Fuscus, Linn.)

Werner del.ᵗ   1/3 de nat.   Lith. de A. Belin.

Petite Hirondelle-de-mer (Sterna Minuta, Linn.)

Mouette blanche ou Sénateur (Larus Eburneus, Linn.)

Werner del.̈

1/3 de nat.

Lith. de A. Belin.

Hirondelle-de-mer. Tschegrava. (Sterna Caspia, Pallas)

Werner del.   1/3 de nat.   Lith. de A. Belin.

Hirondelle-de-mer Caugek (Sterna Cantiaca, Gmel.)

Werner del.t   1/3 de nat.   Lith. de A. Belin.

Hirondelle-de-mer Dougall (Sterna Dougalli, Montagu)

Hirondelle-de-mer Arctique (Sterna Arctica, Tem.)

Hirondelle-de-mer Pierre Garin (Sterna Hirundo, Linn.)

Werner del.   1/3 de nat.   Lith. de A Belin.

Oie Hyperborée ou de neige (Anas Hyperborea, Gmel)
Jeune de l'année.

Oie Cendrée ou Première, mâle. (Anas Anser Ferus, Lath.)

Oie vulgaire ou Sauvage. (Anas Segetum, Gmel.)

Oie rieuse ou à front blanc (Anas Albifrons, Linn.)

Oie Bernache mâle (Anas leucopsis, Tem.)

Cygne à bec jaune, ou sauvage. (Anas Cygnus, Linn.)

Canard Sarcelle d'été, femelle (anas Querquedula, Linn.)

Canard Souchet, mâle (Anas Clypeata, Linn.)

Werner del.   1/5 de nat.   Lith. de A. Belin

Canard Siffleur mâle (Anas Penelope, Linn.)

Canard à longue queue ou Pilet mâle (Anas Acuta, Linn)

Werner del.   1/5 de nat.   Lith. de A. Belin.

Canard Chipeau ou Ridenne (Anas Strepera, Linn.)

Werner del.   13 d'après nat.   Lith. de A. Belin

Canard Sauvage (Anas Boschas, Linn.)

Canard Tadorne mâle (anas Tadorna, Linn.)

Canard Kasarka mâle (Anas Rutila, Pallas)

Werner del.ᵗ   1/5 de nat.   Lith. de A. Belin.

Oie à cou roux (Anas Rufficollis, Linn.)

Werner del.ᵗ   1/11 de nat.   Lith. de A. Belin.

Cygne Tuberculé ou domestique (Anas Olor; Linn)

Werner del.   1/5 de nat.   Lith. de A. Belin.

Oie Cravant mâle (Anas Bernicla, Linn.)

Werner del.   4/5 de nat.   Lith. de A. Belin.

Canard Sarcelle d'hiver. (Anas Crecca, Linn.)

Jeune mâle avant la mue

Canard Eider mâle adulte (anas Mollissima, Linn.)

Canard Marchand vieux mâle (Anas Perspicillata. Linn.)

Canard double. Macreuse, vieux mâle (Anas Fusca, Linn.)

Werner delt.   1/4 de nat.   Lith. de A. Belin.

Mouette à pieds bleus. (Larus Canus, Linn. sed non auctorum)

Werner delt.   1/4 de nat.   Lith. de A. Bolin.

Mouette Tridactyle. (Larus Tridactylus, Lath.)

Mouette rieuse ou à capuchon brun (Larus Ridibundus, Leister.)

Werner del.t   1/4 de nat.   Lith. de J. Belin.

Mouette Pygmée. (Larus. Minutus, Pallas)

Werner del.́   1/4 de nat.   Lith. de A. Belin.

Pétrel Fulmar (Procellaria Glacialis, Linn.)

Petrel Puffin (Rocellaria Puffinus, Linn.)

Petrel Obscur. (Procellaria Obscura; Gmel.)

Stercoraire Cataracte. (Lestris Cataractes, Tem.)

Pétel. Manks (Procellaria Anglorum, Tem.)

Petrel de Leach (Procellaria Leachii, Tem.)

Fou blanc ou de Bassan, vieux. (Sula alba, Meyer.)

Pétrel Tempête (Procellaria Pelagica, Linn)

Cormoran Largup, mâle, plumage de noce (Carbo Cristatus, Tem.)

Werner del.   1/3 de nat.   Lith. de A. Belin.

Pingouin Macroptère vieux (Alca Torda, Linn.)

Werner del.̈   1,2 de nat.   Lith. de J. Belin.

Guillemot nain, plumage des noces (Uria Alle, Tem.)

La petite Piette (Mergus albellus, Linné)

Werner delt.   Lith. de A. Belin.

Grand Cormoran mâle, plumage des noces (Carbo Cormoranus, Meyer)

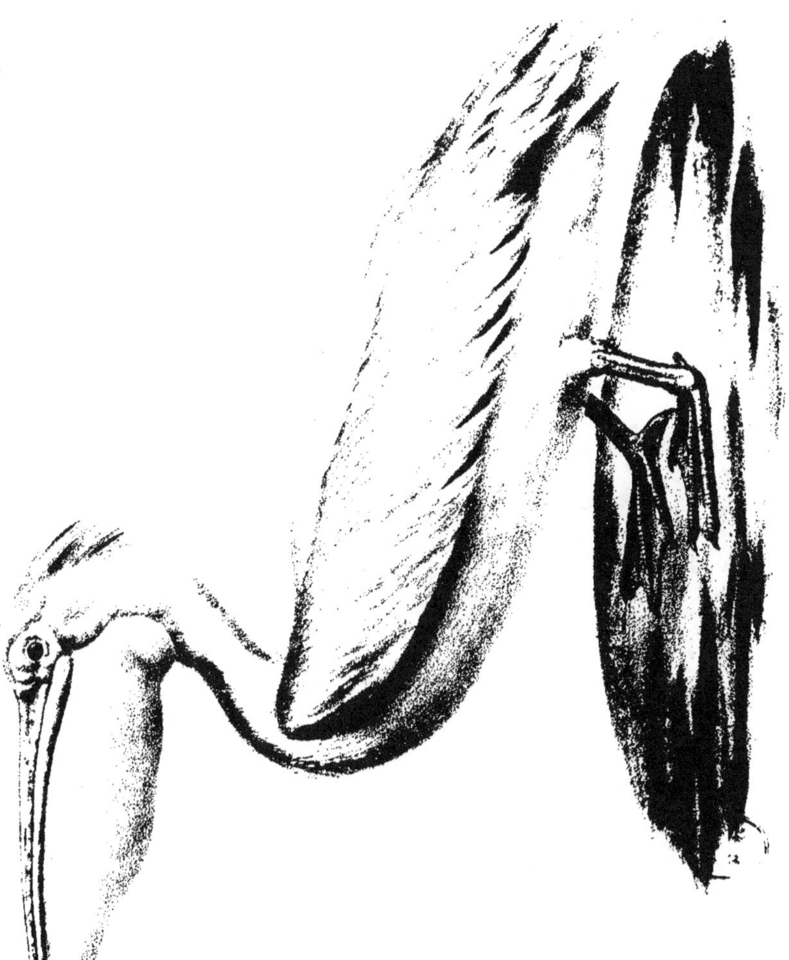

Pélican brun très vieux (Pelecanus Onocrotalus, Linn.)

Werner del.   Gd. de nat.   Lith. de J. Brére.

Guillemot à miroir blanc, mâle, plumage des noces.

(Uria Grylle, Lath.)

Guillemot à gros bec, mâle, plumage d'Été (Uria Francsii, Leach)

Guillemot à capuchon, mâle, plumage d'Été (Uria Troile Lath.)

Plongeon Cat-marin ou à gorge rouge, vieux mâle.

(Colymbus septentrionalis, Linn.)

Ordre 15
Palmipèdes
Werner delt.
1/4 de nat.
Lith. de A. Belin.
Plongeon Lumme à gorge noire, vieux (Colymbus Arcticus, Linn.)

Werner del.   1/4 de nat.   Lith. de A. Belin.

Plongeon Imbrim, vieux (Colimbus Glacialis, Linn.)

Werner del.t   1/5 de nat.   Lith. de A. Belin

Canard Macreuse vieux mâle (Anas Nigra, Linn.)

Canard de Miclon mâle (Anas Glacialis, Linn.)
à l'âge d'un ou deux ans

Canard Nilouinan, vieux mâle (Anas Marila, Linn.)

Werner del.   1/5 de nat.   Lith. de A. Belin.

Canard Milouin (anas Ferina, Lenn.)

Werner del!   4/5 de nat   Lith. de J. Belin.

Canard Garrot vieux mâle (Anas Glangula, Linn)

Werner del.t   1/5 de nat.   Lith. de A. Belin

Canard Moullon très vieux mâle (Anas Fuligula, Linn.)

Canard à tête grise, mâle (Anas Spectabilis, Linn.)

Canard couronné mâle (Anas Leucocephala, Lath.)

Canard siffleur huppé mâle (Anas Rufina, Pallas)

Canard à Iris blanc ou Nyroca mâle, plumage d'hiver (Anas Leucophthalmos, Bechst.)

Werner del.t   1/5 de nat   Lith. de A. Belin.

Canard à collier ou Histrion vieux mâle (Anas Histrionica, Linn.)

Werner del.   1/5 de nat.   Lith. de A. Belin.

Grand Haile très vieux mâle (Mergus Merganser, Linn.)

Werner del.t   1/5 de nat.   Lith. de A. Belin.

Harle Huppé (Mergus Serrator; Linn.)

Cormoran Nigaud, vieux, plumage d'Hiver (Carbo Graculus, Meyer)

Cormoran pygmée, mâle, plumage de noce (Carbo Pygmaeus, Temm)

Pingouin Brachiptère, plumage des noces (Alca impennis. Linn.)

Macareux Moine vieux (Mormon Fratercula, Tem)

Werner del.   lith. de Fourquemin.

Mouette blanche ou Sénateur jeune.

(Larus Eburneus, Linn.)

Canard Eider fem. (Anas mollissima Linn.)

Werner del   1/5ᵉ   Lith. de Fourquemin

Mouette Leucoptère. (Larus Leucopterus Faber)

Werner del   1/5.ᵉ   Lith. de Fraquemin

Oie à bec court, mâle, plumage d'été.
(Anser brachyrhynchus, Baillon.)

Werner del   1/4   Lith. de Fourquemin

Mouette à capuchon noir, plumage de noce.
(Larus melanocephalus, natt.)

Werner del. Lith. de Fourquemin.

Hirondelle-de-mer Moustac jeune.
(Sterna Leucoparia, Natt.)

Mouette Audouin. (Larus Audouini pyr.)

43

Huet del.

Lith. de Fonrquemin

Stercoraire Parasite. (Lestris Parasitica, (Vieil.)

Stercoraire Richardson. (Lestris Richardsonii, Swain.)

Canard de Steller (Anas Dispar, Gmel.)

Canard Glousseur (Anas Glocitans Lath.)

Werner del.　　　1/5　　　Im. Lemercier Benard et c.ⁱᵉ

Oie Égyptienne (Anser Ægyptiacus Auct.)

Mouette à iris blanc (Larus Leucophthalmus, Licht.)

Mouette Ichtyaete (Larus Ichtyaetus. Pall.)

Werner del.   8   Imp. Lemercier Benard et c.

Canard marbré, Anas Marmorata Tem.

Macareux glacial (Mormon Glacialis, Leach)

Guillemot bridé (Uria Lacrymans)

Cygne de Bewick / Cygnus Bewickii, Yarr /

Canard de Barrow

Werner del.   Imp. Lemercier Benard et Cie

Canard Sponsa. (Anas Sponsa. Linn.)

Hervé del.   13   Imp. Lemercier Bénard et Cⁱᵉ

Mouette Sabine (Larus Sabinei, Leach.)

Marte couronné, Mergus cucullatus Linn.

Werner del.   15   Lith. de Fourquemin.

Hirondelle de mer voyageuse. (Sterna affinis. Rupp.)

Puffin majeur ou arctique (Puffinus major Faber)

Werner del.   1/10   lith. de Fourquemin

Pélican frisé. (Pelecanus crispus. Bruch)

Werner del.

Im. Lemercier, Benard et Cⁱᵉ.

Mouette à bec grêle (Larus tenuirostris. Tem.)

Ordre 15e.
Palmipèdes.
Werner del.
Imp. Lemercier, Bénard & Cie